疯狂的生物

微生物

洋洋兔·编绘

科学普及出版社

·北京·

图书在版编目（ＣＩＰ）数据

疯狂的生物.微生物 / 洋洋兔编绘. -- 北京 : 科学普及出版社, 2021.6（2024.4重印）

ISBN 978-7-110-10240-4

Ⅰ.①疯… Ⅱ.①洋… Ⅲ.①生物学－少儿读物②微生物－少儿读物 Ⅳ.①Q-49②Q939-49

中国版本图书馆CIP数据核字(2021)第000934号

目录

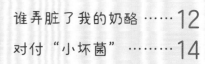

什么是微生物

生物中有一类比较特别的物种……

就是微生物。

微生物多数是那些用眼睛很难直接看到的微小生物。它们的结构比较简单。

不过，从广义上来讲，也有用眼睛可以直接看到的微生物。

蘑菇和木耳就是可以看到的微生物。

微生物是地球上历史最长的生物。

它们在几十亿年前就出现了，慢慢地进化成今天的各种生物。

微生物虽然个头很小，但它们的单个表面积按比例计算也是很大的，而且它们的繁殖速度很快。因此它们的"胃口"也非常好，吸收营养多，转化也快。

微生物生长快，繁殖也快。

哇！好多！

微生物对环境条件，尤其是"恶劣"环境的适应力惊人。其中有些成员还很容易受环境的影响，发生变异，变成其他模样。

微生物分布广泛，我们周围到处都是。它们的种类繁多，最主要的有三种：细菌、真菌、病毒。

细菌是所有生物中数量最多的，样式也很丰富：有的像个圆球，有的像根长杆，有的则是螺旋状的。

细菌

真菌

真菌很奇特，有些像植物，有些又像动物，但它的确是独一无二的真菌。

病毒

病毒非常特别，它结构简单，没有细胞结构，属于非细胞生物，必须依靠其他细胞才能生存。

四处作乱的细菌

提起细菌，没有人会喜欢它。这些家伙个头虽小，但数量庞大。气人的是，很多细菌总是到处作乱，大搞破坏。

这只苍蝇可是细菌的运输机，细菌要利用苍蝇带它们到想去的地方搞破坏。

看，这些细菌都爬到苍蝇上面去了。

就这样，原本美味可口的食物，很快就会被细菌大军占领了。

这么香的烤肉，不能白白便宜了这帮细菌。

被细菌破坏的食物里含有很多毒素，一旦吃进我们的肚子里，就会造成很大的麻烦。

看起来，这块肉已经开始腐烂了。

细菌不仅会破坏食物，还能给植物、动物，甚至人类带来危害，引发传染病。夺走2500万人生命的欧洲中世纪大瘟疫，就是细菌作乱引发的。

肚子好痛啊！

250005

这场瘟疫的罪魁祸首是鼠疫杆菌。它通过老鼠，传播给了人类。

真可怕！

谁弄脏了我的奶酪

这里发生了一起奶酪破坏案，我们要把罪犯找出来。

喂，是不是你弄脏了我的奶酪？

那为什么我的奶酪脏了？

我没有动过呀！

不不不，奶酪不是被弄脏了，而是发霉啦！

发霉，这个词你肯定听说过，到底是怎么一回事呢？

发霉也叫霉变，是由霉菌在合适的地方大量繁殖造成的。上面这些斑点，叫作霉点，就是很多很多的霉菌聚集在一起形成的。

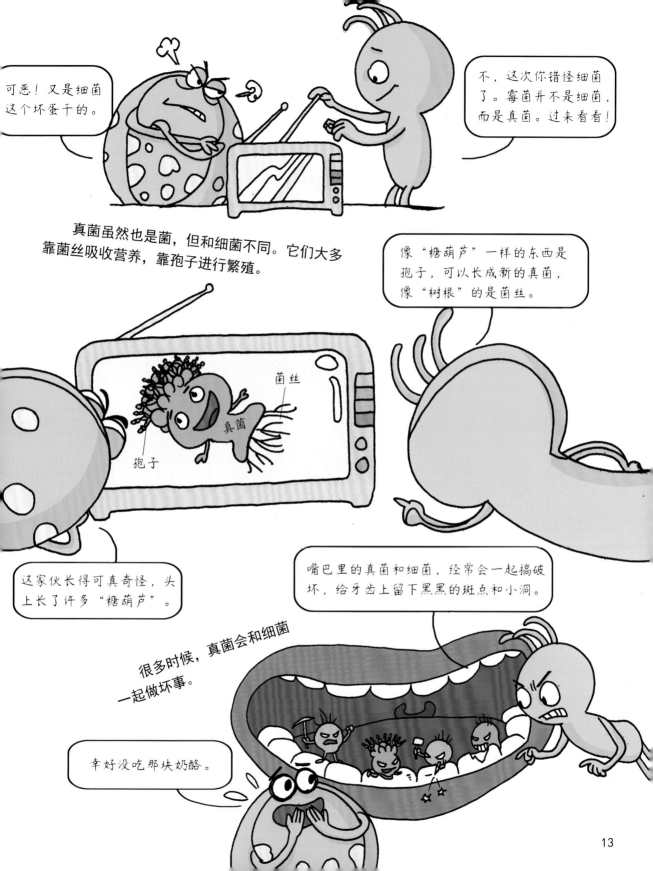

可恶！又是细菌这个坏蛋干的。

不，这次你错怪细菌了。霉菌并不是细菌，而是真菌。过来看看！

真菌虽然也是菌，但和细菌不同。它们大多靠菌丝吸收营养，靠孢子进行繁殖。

像"糖葫芦"一样的东西是孢子，可以长成新的真菌，像"树根"的是菌丝。

菌丝

真菌

孢子

这家伙长得可真奇怪，头上长了许多"糖葫芦"。

嘴巴里的真菌和细菌，经常会一起搞破坏，给牙齿上留下黑黑的斑点和小洞。

很多时候，真菌会和细菌一起做坏事。

幸好没吃那块奶酪。

13

了解了"小坏菌"的喜好，就可以对付它们了。

我们一起来超市，看看人们是如何对付"小坏菌"的。

−3℃

"小坏菌"在低温下没什么活力，所以人们就用冰柜和冰箱降低食物的温度，防止这些"小坏菌"作怪。

人们会将很多食物经过高温杀菌。比如,经过高温后,牛奶中绝大部分的"小坏菌"都会被消灭。

人们会在食品包装袋中装入干燥剂。干燥剂能使食物保持干燥,让"小坏菌"感到绝望。

真空密封也是对付"小坏菌"的好办法。

把空气抽干净,"小坏菌"在里面就没办法生活了。

用坏蛋对付坏蛋

差不多一百年前，有个叫弗莱明的科学家，喜欢和"小坏菌"打交道。他精心培养了许多葡萄球菌，希望找到消灭它们的办法。偶然间，青霉菌落进了他培养的葡萄球菌中。你猜这两种"小坏菌"在一起会发生什么？结果是，青霉菌居然消灭了葡萄球菌。

青霉菌能够消灭葡萄球菌的秘密，就在于它能够产生青霉素。

青霉素的发现，让人类的平均寿命提升了24岁。

小菌的制造工厂

小菌也不都是小坏蛋。这里有一些热心肠的小菌，它们在一间工厂里整日忙碌，制作出许多常见的美味食物。

我们一起去小菌工厂看看吧！

这是一队曲霉菌，它们的工作是改造大豆。

它们把大豆改造成了这样，看起来像是发霉坏掉了。

把改造后的大豆倒进盐水中，在太阳下晒上几个月。

瞧，缸里变得黑乎乎的了。

想不到吧！经过过滤和压榨后，这些黑乎乎的液体就是酱油。

21

酵母菌是一类真菌，能在面团里产生气体，这些气体被面团包裹住后，就形成了许多小泡泡。

这是酵母菌，它们擅长在面团里吹泡泡。

吹泡泡？怎么吹呀？

酵母菌吹了许多泡泡，把面团吹得比之前大了。

面包、饼干、馒头，都是用酵母菌吹了泡泡后的面团做成的。

曲霉菌和酵母菌是一对好搭档，它们联合起来能做其他东西。

这是煮熟的糯米。它们要把这些糯米加工成一种饮料。

曲霉菌先把糯米中的淀粉变成甜甜的葡萄糖。酵母菌则能把葡萄糖变成酒精。

它们加工成的饮料，就是酒。

米酒

23

它们是醋酸菌和乳酸菌，从名字你就知道，它们可以让东西变酸。

这是刚做好的酒，交给你了。

醋酸菌可以把它变成酸酸的液体。

变酸吧，快变酸吧！

这就是醋。

米酒

醋的种类有很多，但制作都离不开醋酸菌。

醋

乳酸菌是一类不喜欢氧的细菌。

它喜欢在牛奶里大展拳脚。

牛奶

牛奶中有许多乳糖，乳酸菌的工作就是负责把这些乳糖变成乳酸。

味道真不错。

发酵以后的奶，自然就是我们非常喜欢的酸奶啦！

小病毒，大麻烦

听到病毒这个名字，人们就会头疼。它们非常小，用肉眼根本看不到它们。我们往往只有在生病时，才能感受到它们的存在。

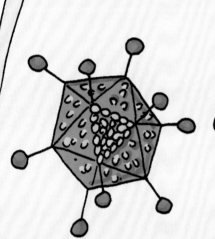

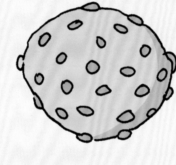

蛋白质

遗传物质

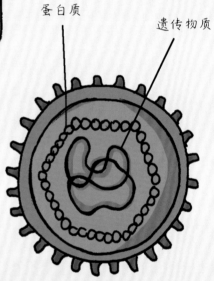

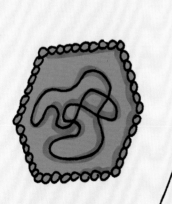

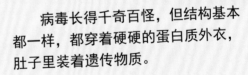

病毒长得千奇百怪，但结构基本都一样，都穿着硬硬的蛋白质外衣，肚子里装着遗传物质。

小小的病毒能造成大大的麻烦，它们会给其他生物带来传染病。最常见的流感病毒，每一次爆发都会造成很多人生病甚至死亡。

病毒家族中有一个非常危险的家伙，叫作冠状病毒。

这类病毒的身上长着很多刺突，很像国王的王冠。

冠状病毒比一般的病毒毒性更大，传染性也更强。SARS病毒、MERS病毒和2019新型冠状病毒，都属于冠状病毒。

我一出现就能掀起一场大瘟疫！

真可怕！

病毒绑架细胞案

病毒是怎么让人得病的？

我们通过分析一场由病毒引发的绑架案，就比较容易弄清楚了。

病毒没有细胞那样复杂精密的结构，它非常简单，以至仅靠自己的话，连繁殖能力都没有。

不孕不育

在一个细胞里生活。

但是，有一个地方可以帮助它们，那就是细胞。细胞工厂能够帮助病毒繁殖子孙后代。

你的梦想是什么？

有一天，它找到机会，靠着自己的蛋白质外套，蒙混过关，进入了细胞工厂内部。

这衣服很像我们厂的产品，您请进。

我们都知道，细胞工厂的指挥中心是细胞核（参见《细胞》分册），工厂内的一切活动都听从这里的命令。病毒也清楚这一点，进入细胞后，它就冲进了细胞核。

进入细胞核后，病毒就露出了自己的真面目，立刻绑架了细胞工厂的厂长——DNA。

嘿嘿嘿，现在我是细胞的老大了。

马上开工！照这张图生产蛋白质外套，越多越好。

是，马上去。

这么一来，病毒取代了细胞工厂的厂长，而且还有了自己的亲信秘书。现在，它可以通过秘书给整个工厂下指令了。

病毒厂长的指令很快传达到工厂。

厂长的命令，生产这种外套，越多越好！

加油努力保生产！

同时，病毒也没有闲着。它在指挥中心复制出许许多多像自己一样的病毒。

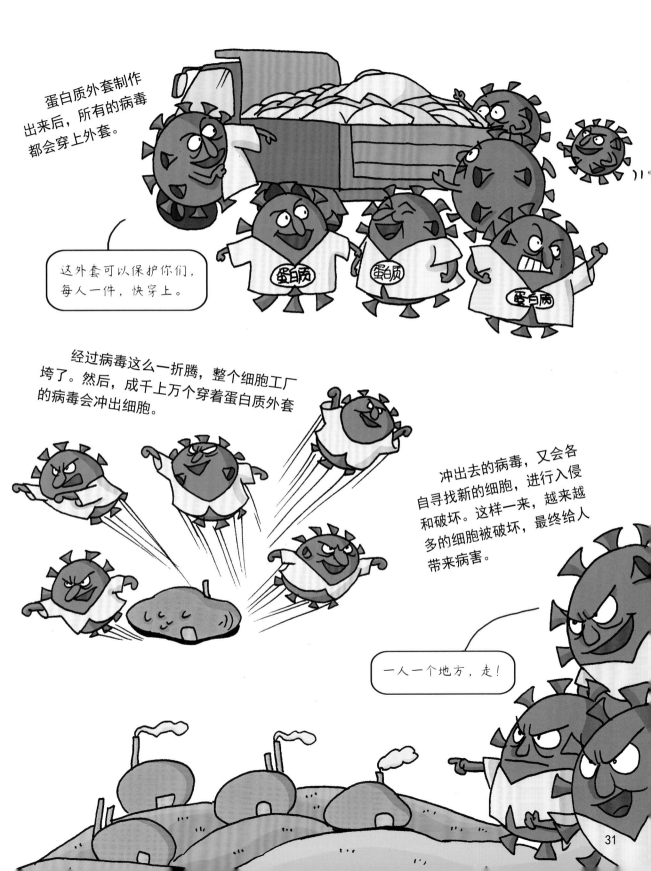

蛋白质外套制作出来后，所有的病毒都会穿上外套。

这外套可以保护你们，每人一件，快穿上。

经过病毒这么一折腾，整个细胞工厂垮了。然后，成千上万个穿着蛋白质外套的病毒会冲出细胞。

冲出去的病毒，又会各自寻找新的细胞，进行入侵和破坏。这样一来，越来越多的细胞被破坏，最终给人带来病害。

一人一个地方，走！

离不开的微生物

微生物能将动植物的遗体分解成水、二氧化碳和无机盐，这些东西又会被植物重新吸收和利用。如果没有了微生物，地球上恐怕已经堆满了动植物的遗体。

消费者

分解者

在自然界中，绿色植物是生产者，大部分动物属于消费者，而小部分动物和微生物是分解者。它们一起构成了自然界物质的循环。

生产者

生物达人 小测试

微生物是一个非常庞大的小生物群体，它们个体微小，涵盖了有益和有害的众多种类，与人类关系密切。你知道哪些微生物呢？病毒是什么样的细胞体？现在就来挑战一下，看看你对微生物到底有多了解吧！每道题目1分，看看你能得几分！

按要求选择正确的答案

1.在自然界存在的各种形态的细菌中，最多见的形态是（   ）。
　　A.球状　　　　B.杆状　　　　C.螺旋状　　　　D.分支丝状

2.微生物分布广泛，我们周围到处都是。它们的种类繁多，下列（   ）不是微生物。
　　A.细菌　　　　B.真菌　　　　C.珊瑚虫　　　　D.病毒

3.微生物五大共性的基础是（   ）。
　　A.体积小，相对表面积大　　　　B.吸收多，转化快
　　C.生长旺，繁殖快　　　　　　　D.适应强，易变异

4.病毒的核酸是（   ）。
　　A.DNA　　　　B.RNA　　　　C.DNA或RNA　　D.DNA和RNA

5.霉菌是一类形成菌丝体的（   ）的俗称。
　　A.原核生物　　B.细菌　　　　C.放线菌　　　　D.真菌

判断正误

6.微生物是地球上最早出现的生物。（   ）

7.酵母菌、放线菌和霉菌都是单细胞微生物。（   ）

8.真菌喜欢干燥的环境。（   ）

在横线上填入正确的答案

9._____可以把牛奶变成酸奶。

10.有些真菌可以产生杀死某些致病细菌的物质，这些物质称为_____。

你的生物达人水平是……

哇，满分哦！恭喜你成为生物达人！说明你认真地读过本书并掌握了重要的知识点，可以自豪地向朋友展示你的实力了！

成绩不错哦！不过，学习就是要多记重点、要点，要善于归纳问题，再复习一遍本书的内容，核对一下错题吧！

还有很大的提升空间哦！其实微生物的知识并不难，相信聪明的你拿下它们肯定不在话下，加油！

分数有点儿低哦！没关系，重新仔细阅读一下本书的内容吧！相信你会有新的收获。

答案：1.B 2.C 3.A 4.C 5.D 6.√ 7.× 8.× 9.乳酸菌 10.抗生素

词汇表

微生物

肉眼难以看到，需要借助显微镜才能观察到的一切微小生物的总称。

细菌

细菌个体非常小，一般是单细胞。细胞结构也很简单，种类繁多，几乎分布在世界的任何一个角落。

真菌

真菌是生物中的一大类，单细胞或者多细胞均有。真菌不能自己生产养分，主要靠菌丝分解吸收现成的营养物质。

病毒

病毒的结构非常简单，它比细胞都要小得多，是非细胞的生物。它侵占其他细胞后进行自我复制。

生产者

能进行光合作用，把无机物变成有机物的绿色植物。

消费者

直接或者间接以生产者为食物的动物，以植物为食的动物是一级消费者，以植食动物为食的动物是二级消费者。

分解者

能够把动植物的残体分解成无机物并重新释放到自然界的微生物。